# PRATIQUE DES WAGONS-LITS

Prix 25 Cent.

LITS WAGONS

DÉLIVRÉ GRATUITEMENT AUX VOYAGEURS des WAGONS-LITS

COMPAGNIE EUROPÉENNE DES WAGONS-LITS

ET WAGONS-SALONS

# GUIDE SPÉCIAL

DES

# WAGONS-LITS

Ce Guide est remis gratuitement
à toute personne
voyageant dans les voitures de la Compagnie

EN VENTE DANS LES GARES

Prix : 25 Centimes

# AVIS

*M. M. les Voyageurs trouveront, à la fin du Guide, des pages en blanc sur lesquelles nous les prions d'inscrire les observations qu'ils auraient à formuler sur le service des voitures et des conducteurs et de les adresser par la poste sans affranchissement au bureau central de la Compagnie.*

BRUXELLES, 22, rue Marie-de-Bourgogne.

LA DIRECTION GÉNÉRALE DES WAGONS-LITS

# TABLE DES RENSEIGNEMENTS

Pages.

**Lignes exploitées et projetées.** . . . 4

**Parcours des Wagons-Lits :** heures de départ et d'arrivée des trains, tarif du prix des places, agences, correspondances. 9 à 61

**Agences et Divisions de la Compagnie** 61 et 62

**Tarifs généraux.** . . . . . . . . 64 et 65

**Places prises à l'avance.** . . . . . . 61

**Tarif des objets brisés ou dégradés.** . . . . . . . . . . . . . . 66 et 67

**Règlement de la Compagnie :** Droits des voyageurs et obligations des conducteurs. . . . . . . . . . . . . . . 68 à 71

**Renseignements divers.** . . . . . . .

**Annonces** (tarif des). . . . . . . . . 94

## LIGNES EN EXPLOITATION


| | Pages. |
|---|---|
| Aix la-Chapelle Kreiensen et Berlin . . . . | 22 |
| Bâle-Ostende. . . . . . . . . . . . . . . . | 35 |
| Berlin-Breslau . . . . . . . . . . . . . . | 6 |
| Berlin-Eydtkuhnen (vers Saint Petersbourg). | 10 |
| Berlin-Francfort-sur Mein. . . . . . . . . | 14 |
| Berlin-Hambourg. . . . . . . . . . . . . . | 18 |
| Berlin-Kreiensen-Aix-la-Chapelle . . . . . | 20 |
| Bordeaux-Paris. . . . . . . . . . . . . . | 39 |
| Breslau-Berlin . . . . . . . . . . . . . . | 7 |
| Bucarest Roman . . . . . . . . . . . . . . | 24 |
| Cologne Ostende. . . . . . . . . . . . . . | 26 |
| Cologne-Paris . . . . . . . . . . . . . . | 43 |
| Douvres-Londres . . . . . . . . . . . . . | 32 |
| Eger-Vienne . . . . . . . . . . . . . . . | 59 |
| Eydtkuhnen-Berlin . . . . . . . . . . . . | 11 |
| Francfort-sur-Mein Berlin . . . . . . . . | 16 |
| Francfort-sur-Mein-Paris . . . . . . . . . | 55 |
| Hambourg-Berlin. . . . . . . . . . . . . . | 19 |
| Londres-Douvres . . . . . . . . . . . . . | 32 |
| Munich-Strasbourg. . . . . . . . . . . . . | 30 |
| Ostende-Bâle . . . . . . . . . . . . . . . | 34 |
| Ostende-Cologne . . . . . . . . . . . . . | 27 |
| Paris-Bordeaux. . . . . . . . . . . . . . | 38 |
| Paris-Cologne . . . . . . . . . . . . . . | 42 |
| Paris-Francfort-sur-Mein . . . . . . . . . | 54 |
| Paris Vienne. . . . . . . . . . . . . . . | 46 |
| Prague-Vienne. . . . . . . . . . . . . . . | 60 |
| Roman-Bucarest . . . . . . . . . . . . . . | 25 |
| Strasbourg-Munich. . . . . . . . . . . . . | 30 |
| Vienne-Eger . . . . . . . . . . . . . . . | 58 |
| Vienne-Paris . . . . . . . . . . . . . . . | 49 |
| Vienne-Prague. . . . . . . . . . . . . . . | 60 |


## LIGNES EN PROJET

Bucarest-Verciorova. . . . . . . } *et vice versa*
Pétersbourg-Eydtkuhnen (frontière) }

# BERLIN-BRESLAU

| | | | kil | Ch. de fer de la Marche de la Basse-Silésie. |
|---|---|---|---|---|
| Berlin (Niederschlesischebahnhof) | D | 11 » s. | » | |
| Francfort-sur-Oder (1) | A | 12,38 m. | 81 3 | |
| — | D | 12,43 m. | » | |
| Guben | A | 1,34 m. | 129 7 | |
| — | D | 1,37 m. | » | |
| Sommerfeld | A | 2, 8 m. | 156 3 | |
| — | D | 2,10 m. | » | |
| Sorau | A | 2,45 m. | 183 4 | |
| — | D | 2,50 m. | » | |
| Hansdorf | A | 3 » m. | 191 3 | |
| — | D | 3, 2 m. | » | |
| Kohlfurt (2) | A | 3,41 m | 224 2 | |
| — | D | 3,53 m. | » | |
| Breslau (3) | A | 6,35 m | 3[illegible]8 1 | |

(1) En correspondance avec le train se dirigeant vers Custrin.

(2) En correspondance avec le train arrivant de Gorlitz.

(3) Continue vers Oderberg, Cracovie et Vienne.

# BRESLAU-BERLIN

| | | | kil. |
|---|---|---|---|
| Breslau | D | 10 » s. | » |
| Kohlfurt | A | 12,39 m. | 133 8 |
| — | D | 12,52 m. | » |
| Hansdorf | A | 1,26 m | 166 2 |
| — | D | 1,29 m. | » |
| Sorau | A | 1,40 m. | 174 7 |
| — | D | 1,45 m. | » |
| Sommerfeld | A | 2,12 m. | 201 2 |
| — | D | 2,14 m. | » |
| Guben | A | 2,42 m. | 228 3 |
| — | D | 2,47 m. | » |
| Francfort-sur-Oder | A | 3,38 m. | 276 7 |
| — | D | 3 43 m. | » |
| Berlin (Niederschlesischebahnhof) | A | 5,15 m. | 358 1 |

Chemin de fer de la Marche de la Basse-Silésie.

Prix des supplements . 1re cl.e 10 francs.
— 2e cl. 8 francs

Agent à BERLIN, 34, unter den Linden ;
**Richard THOMAS.**

On espère pour l'été prochain prolonger le service des Wagons-Lits de Breslau à Oderberg comme cela a eu lieu l'été dernier.

*Voir page 61 pour les places retenues à l'avance.*

— Ce papier ne me suffit pas, il me faut des références plus sérieuses

— Mais vous voyez bien que j'ai le GUIDE CONTY!

— Alors, Madame, c'est superlatif et plus que suffisant.

# BERLIN-EYDTKUHNEN

Cie du Chemin de fer de l'Est-Prussien

| | | | kil. |
|---|---|---|---|
| Berlin, Ostbahnhof | D | 10.45 s. | » |
| Custrin | A (1) | 12.23 m. | 82.5 |
| — | D | 12.31 m. | » |
| Kreuz | A | 2.35 m. | 187.3 |
| — | D | 2.43 m. | » |
| Schneidemühl | A | 3.45 m. | 245.7 |
| — | D | 3.53 m. | » |
| Bromberg | A (2) | 5.29 m. | 332.6 |
| — | D | 5.48 m. | » |
| Dirschau | A (3) | 8.20 m. | 459.9 |
| — | D | 8.32 m. | » |
| Kœnigsberg | A | 11.50 m. | 623.» |
| — | D | 12.20 s. | » |
| Insterburg | A | 2.19 s. | 714.» |
| — | D | 2.29 s. | » |
| Eydtkuhnen | A (4) | 3.47 s. | 776.1 |

(1) En correspondance pour Francfort-sur-Oder.
(2) En correspondance pour Varsovie.
(3) En correspondance pour Dantzick.
(4) En correspondance pour Vilna, Dunabourg, Riga, Saint-Pétersbourg.

# EYDTKUHNEN-BERLIN

| | | kil. |
|---|---|---|
| Eydtkuhnen | D 2,22 s. | » |
| Insterburg | A 3,30 s | 62.1 |
| — | D 3,40 s. | » |
| Kœnigsberg | A 5,20 s. | 153.1 |
| — | D 5,45 s. | » |
| Dirschau | A(1) 8,47 s. | 316.2 |
| — | D 8,57 s. | » |
| Bromberg | A(2) 11,32 s | 443.5 |
| — | D 11,50 s. | » |
| Schneidemühl | A 1,16 m. | 530.4 |
| — | D 1,26 m. | » |
| Kreuz | A 2.24 m. | 588.8 |
| — | D 2,34 m. | » |
| Custrin | A 4.27 m. | 683.6 |
| — | D 4,35 m. | » |
| Berlin, Ostbahnhof. | A 6,20 m. | 776.1 |

Cie du Chemin de fer de l'Est-Prussien

(1) En correspondance de Dantzig.

(2) En correspondance de Varsovie.

Pour la correspondance du service des Wagons-Lits : 1° de Berlin (Potsdamerbahnhof) à Aix-la-Chapelle, *via* Kreiensen, voir p. 20; 2° de Cologne à Paris, voir p. 43; 3° de Paris à Bordeaux, voir p. 38, 4° de Berlin à Francfort-s/M, voir p. 14.

*PRIX DES SUPPLÉMENTS :*

Berlin à Eydtkuhnen : **1re cl. 15 fr., 2e cl. 12 f. 50**
Berlin à Kœnigsberg : **1re cl. 12 f. 50, 2e cl. 10 fr.**
Berlin à Dirschau : **1re cl. 10 fr., 2e cl. 8 fr.**
Berlin à Kreuz : **1re cl. 8 fr., 2 cl. 6 fr.**

Agent à BERLIN, 34, Unter den Linden,
**Richard THOMAS.**

*Voir page 61, pour les places retenues à l'avance.*

# NOTES DE ROUTE

# BERLIN FRANCFORT-SUR-MEIN

| | | | | kil. | |
|---|---|---|---|---|---|
| Berlin (Anhaltbahnhof) | D | 8 » | s. | » | Cie de Berlin-Anhalt |
| Jüterbogh | A | 9, 4 | s. | 63 | |
| — | D | 9,10 | s. | » | |
| Wittenberg | A | 9,41 | s. | 95 | |
| — | D | 9,44 | s. | » | |
| Bitterfeld | A | 10,21 | s. | 132 | |
| — | D | 10,27 | s. | » | |
| Halle | A | 10,58 | s. | 162 | Cie de la Thuringe |
| — | D | 11, 5 | s. | » | |
| Corbetha | A | 11,31 | s. | 183 4 | |
| — | D | 11,36 | s. | » | |
| Weissenfels | A | 11,47 | s. | 194 | |
| — | D | 11,49 | s. | » | |
| Erfurt | D | 1,28 | m. | 270 5 | |
| Gotha | A | 2, 1 | m. | 297 3 | |
| — | D | 2, 4 | m. | » | |
| Eisenach | A | 2,35 | m. | 327 2 | |
| — | D | 2,48 | m. | » | |

| | | | kil | |
|---|---|---|---|---|
| Gerstungen | » | » » | » | Berg-March |
| Bebra | A | 3,40 m. | 372 5 | |
| — | D | 3,52 m. | » | |
| Fulda | A | 5, 3 m. | 428 5 | Cie de Francfort-Bebra |
| — | D | 5, 6 m. | » | |
| Elm | A | 5,41 m. | 457 | |
| — | D | 5,49 m. | » | |
| Gelnhausen | A | 6,29 m. | 495 | |
| — | D | 6,31 m. | » | |
| Hanau | A | 6,53 m. | 516 1 | |
| — | D | 6,56 m. | » | |
| Francfort-s Mein (Westbahnhof) | A | 7,30 m. | 537 4 | |

Prix des supplements : 1re cl. 10 francs
— 2e cl. 8 francs.

*AGENTS A.*

BERLIN, 34, Unter den Linden,

**Richard THOMAS.**

FRANCFORT-S-MEIN, 9 Gallustrasse,

**S. EBELSBACHER.**

*Voir page 61 pour les places retenues à l'avance.*

# FRANCFORT-SUR-MEIN-BERLIN

| | | | kil. | |
|---|---|---|---|---|
| Francfort-s-Mein (Westbahnhof)[1] | D | 7,45 s. | » | Cie de Francfort-Bebra |
| Hanau | A | 8,18 s. | 21 3 | |
| — | D | 8,24 s. | » | |
| Gelnhausen | A | 8,48 s. | 42 4 | |
| — | D | 8,50 s. | » | |
| Elm | A | » ». | 80 4 | |
| — | D | 9,55 s. | » | |
| Fulda | A | 10,29 s. | 108 9 | |
| — | D | 10,31 s. | » | |
| Bebra | A | 11,35 s. | 164 9 | Cie de la Thuringe |
| — | D | 11,50 s. | » | |
| Eisenach | A | 12,45 m. | 210 2 | |
| — | D | 12,54 m. | » | |
| Gotha | A | 1,28 m. | 340 1 | |
| — | D | 1,31 m. | » | |
| Erfurt | D | 2, 8 m. | 266 9 | |
| Weisenfels | A | 3,43 m. | 343 4 | |
| — | D | 3,45 m. | » | |

(1) En correspondance de Bâle, Strasbourg, Stuttgart, Carlsruhe et Mayence.

| | | kil. | |
|---|---|---|---|
| Corbetha | A 3,56 m. | 352 3 | Berg-Maroh C^ie de Berlin-Anhalt |
| — | D 4, 1 m. | » | |
| Halle | A 4,28 m. | 375 4 | |
| — | D 4,35 m. | » | |
| Bitterfeld | A 5, 7 m. | 405 4 | |
| — | D 5,13 m. | » | |
| Wittenberg | A 5,54 m. | 442 4 | |
| — | D 5,57 m. | » | |
| Jüterbogh | A 6,31 m. | 474 4 | |
| — | D 6,37 m. | » | |
| Berlin (Anhaltbahnhof) | A 7,45 m. | 537 4 | |

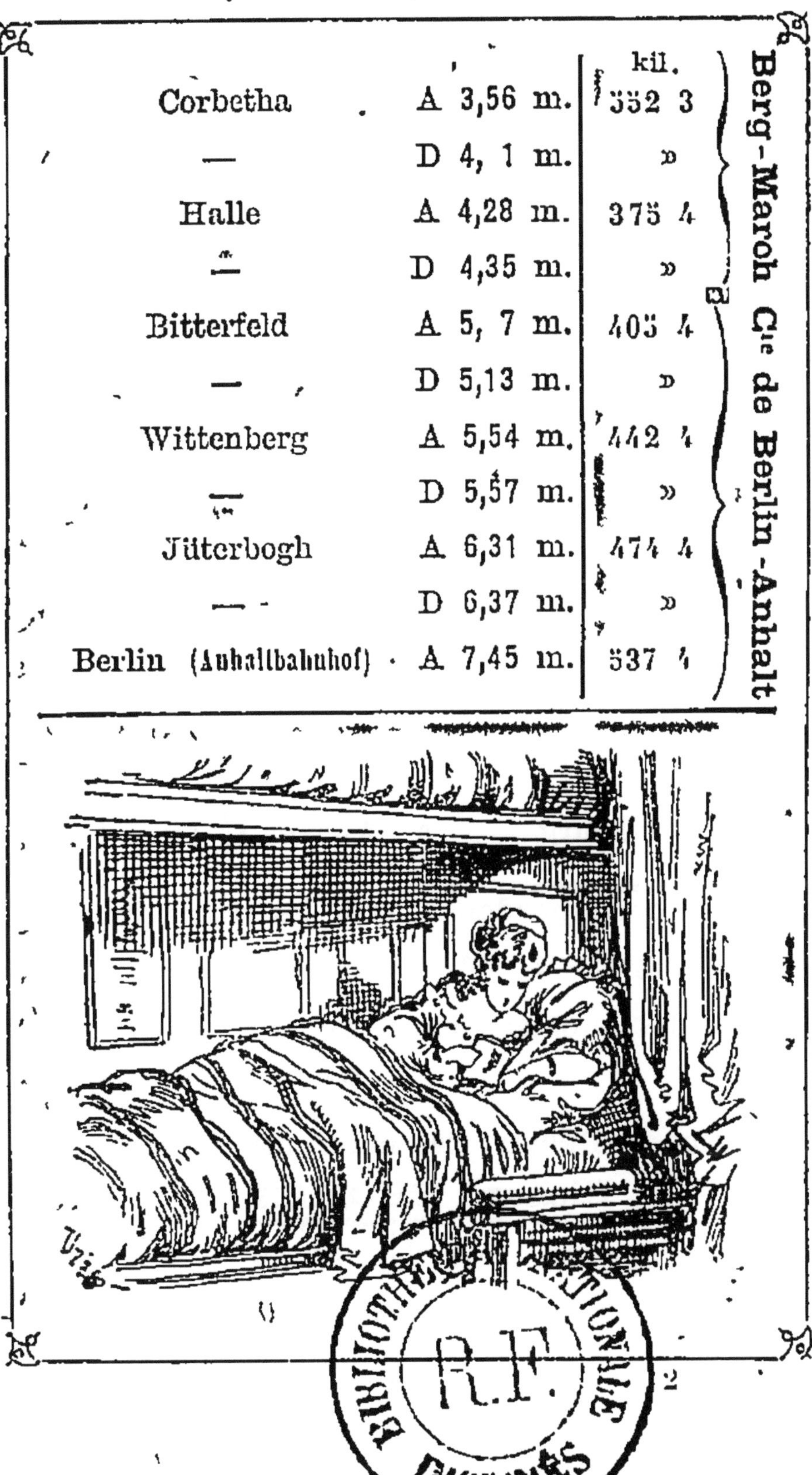

# BERLIN-HAMBOURG

| | | | kil. |
|---|---|---|---|
| Berlin (Hamburgbahnhof) | D | 11.30 s. | » |
| Wittenberge (1) | A | 1.43 m. | 127 |
| — | D | 1.53 m. | » |
| Hagenow | A | 2.58 m. | 192 |
| — | D | 3.3 m | » |
| Büchen | A | 3.49 m | 239 |
| — | D | 3.52 m. | » |
| Hambourg | A | 4.45 m. | 286 |

Cie de Berlin-Hambourg

(1) En correspondance avec les trains venant de Leipzig, Halle, etc.

Prix des suppléments : 1re cl. 10 francs,
2e cl. 8 francs.

Agent à Berlin, 34, unter den Linden,
**Richard THOMAS.**

*Voir page 61 pour les places retenues à l'avance.*

# HAMBOURG-BERLIN

| | | | kil. |
|---|---|---|---|
| Hambourg | D | 11.45 s | » |
| Büchen | A | 12.43 m. | 47 |
| — | D | 12.46 m. | » |
| Hagenow | A | 1.36 m. | 94 |
| — | D | 1.41 m | » |
| Wittenberge (1) | A | 2.50 m. | 159 |
| — | D | 3 » m. | » |
| Berlin (Hamburgbahnhof) | A | 5.30 m. | 286 |

Cie du Chemin de fer de Hambourg-Berlin

(1) En correspondance avec les trains partant vers Halle, Leipzig, etc.

# BERLIN-AIX-LA-CHAPELLE

| | | | kil | |
|---|---|---|---|---|
| Berlin (Postdambahnhof) | D | 10 » s | » | Berlin-Postdam Magdebourg |
| Postdam | D | 10.25 s | 26 | |
| Brandenbourg | D | 11 » s | 61 | |
| Magdebourg | A | 12,12 m | 142 | |
| — | D | 12,15 m | » | |
| Borssum | A | 1,35 m | 224 | Chemin de fer de Brunswick |
| | D | 1,39 m | » | |
| Kreiensen (1) | A | 2.40 m | 284 | |
| — | D | 2,45 m | » | |
| Holzminden | D | 3.33 m | 329 | |
| Altenbeken | A | 4,24 m | 378 | État de Westphalie |
| | D | 4,25 m | » | |
| Soest | A | 5,35 m | 448 | |
| — | D | 5,38 m | » | |

(1) En correspondance avec Hanovre.

**Chemin de fer du Berg-Marche**

| | | | kil. |
|---|---|---|---|
| Barmen | A | 6 5 m | » |
| — | D | 6. 6 m | » |
| Elberfeld (1) | A | 7.15 m | 533 |
| | D | 7.45 m | » |
| Düsseldorf | A | 8.32 m | 561 |
| — | D | 8.35 m | » |
| München-Gladbach | A | 9. 3 m | 583 |
| — | D | 9. 6 m | » |
| Aix-la-Chapelle (T) (2) | A | 10. 6 m | 644 |

(1) En correspondance avec le train partant de Deutz à 8 h. soir.

(2) En correspondance avec le train partant de Bruxelles à 10 h. 42 (*via* Bleyberg).

Prix des suppléments : 1re cl. 10 francs,

— 2e cl. 8 francs.

Agent à BERLIN, 34, Unter den Linden

**Richard THOMAS.**

*Voir page 61, pour les places retenues à l'avance*

# AIX-LA-CHAPELLE-BERLIN

| | | | kil. | |
|---|---|---|---|---|
| Aix-la-Chapelle (1) | D | 6,15 s | » | Chemin de fer du Berg-Marche |
| München-Gladbach | A | 7,17 s | 61 | |
| — | D | 7,21 s | » | |
| Düsseldorf | A | 7 50 s | 83 | |
| — | D | 8 » s | » | |
| Elberfeld | A | 8,49 s | 111 | |
| — | D | 9, 3 s | » | |
| Barmen | A | » s | » | |
| — | D | 9,10 s | » | |
| Soest | A | 10,51 s | 196 | |
| — | D | 10,55 s | » | |
| Altenbecken | A | » » | 266 | État de Westphalie |
| — | D | 12.15 m | » | |
| Holzminden | D | 1. 8 m | 315 | |

(1) En correspondance avec les trains partant pour Verviers, Bruxelles, Ostende, Londres, Paris.

| | | kil. | |
|---|---|---|---|
| Kreiensen | A 1.57 m. | 360 | Chemin de fer de Brunswick |
| — (1) | D 2. 3 m. | » | |
| Börssum | A 3. 7 m. | 420 | |
| — | D 3.10 m. | » | |
| Magdebourg (2) | A 4. 4 m. | 502 | Berlin-Postdam Magdebourg |
| — | D 4.45 m. | » | |
| Brandenbourg | D 6. 5 m. | 583 | |
| Postdam | D 6.45 m. | 618 | |
| Berlin (Postdambanhof) | A 7.15 m. | 644 | |

(1) En correspondance avec les trains venant de Hanovre.

(2) En correspondance avec les trains partant de Magdebourg.

# BUCAREST-ROMAN

| | | | kil |
|---|---|---|---|
| Bucarest | D | 8.15 | » |
| Braila | A | 1.48 | 229 |
| — | D | 1.53 | » |
| Barbosi | A | 2.25 | 249 |
| — | D | 2.45 | » |
| Tecuciu | A | 4.28 | 320 |
| — | D | 4.38 | » |
| Roman | A | 8.40 | 467 |

Société des chemins de fer Roumains

Prochainement les voitures circuleront jusqu'à Suczawa.

**Prix du supplément : 1re cl. 12 francs.**

Des places peuvent être réservées en s'adressant par télégraphe aux chefs de gare de BUCAREST et ROMAN.

# ROMAN-BUCAREST

| | | | kil. |
|---|---|---|---|
| Roman | D | 8.45 | » |
| Tecuciu | A | 12.20 | 147 |
| — | D | 12.30 | » |
| Barbosi | A | 2. 6 | 218 |
| — | D | 2.26 | » |
| Braila | A | 2.58 | 238 |
| — | D | 3. 8 | » |
| Bucarest | A | 8.30 | 467 |

Exploité par la Société J R. P. des Chemins de fer de l'Etat Autrichien

Prochainement les voitures circuleront jusqu'à Suczawa.

# COLOGNE-OSTENDE

| | | | kil. | |
|---|---|---|---|---|
| Cologne | D | 10.50 s. | » | Ch. Rhénan. |
| Düren | A | 11.40 s. | 38 | |
| — | D | 11.42 s. | » | |
| Aix-la-Chapellè | A | 12.22 m. | 69 | |
| — | D | 12.29 m. | » | |
| Herbesthal (douane belge heure allemande). | A | 12.59 m. | 83 | |
| — (heure belge) | D | 12.58 m. | » | Chemin de fer de l'État Belge. |
| Verviers | A | 1.21 m. | 99 | |
| — | D | 1.40 m. | » | |
| Liége (Guillemains) | A | 2.25 m. | 124 | |
| — | D | 2.30 m. | » | |
| Tirlemont | A | 3.38 m. | 176 | |
| — | D | 3.42 m. | » | |
| Louvain | A | 4. 2 m. | 194 | |
| — | D | 4. 5 m. | » | |
| Bruxelles-Nord | A | 4.38 m. | 224 | |
| — | D | 7.20 m. | » | |
| Alost | A | 7.56 m. | 254 | |
| — | D | 7.59 m. | » | |
| Gand | A | 8.29 m. | 281 | |
| — | D | 8.38 m. | » | |
| Bruges | A | 9.23 m. | 326 | |
| — | D | 9.28 m. | » | |
| Ostende (quai). | A | 10 » m. | 349 | |

# OSTENDE-COLOGNE

| | | | kil. | |
|---|---|---|---|---|
| Ostende (quai) | D | 6. 4 s. | » | Chemin de fer de l'État Belge |
| Bruges | A | 6.38 s. | 22 | |
| — | D | 6.43 s. | » | |
| Gand | A | 7.58 s. | 67 | |
| — | D | 8. 9 s. | » | |
| Alost | A | 8.46 s. | 94 | |
| — | D | 8.49 s. | » | |
| Bruxelles-Nord | A | 9.31 s. | 124 | |
| — Express | D | 11 » s. | » | |
| Louvain | A | 11.33 s. | 153 | |
| — | D | 11.37 s. | » | |
| Tirlemont | A | 11.57 s. | 171 | |
| — | D | 12 » m. | » | |
| Liége (Guillemins) | A | 1. 9 m. | 223 | |
| — | D | 1.15 m. | » | |
| Verviers | A | 1.55 m. | 248 | |
| — | D | 2.15 m. | » | |
| Herbesthal (heure belge) | A | 2.34 m. | 263 | |
| (douane allemande) | | | | |
| — (heure allem.) | D | 2.51 m. | » | |
| Aix-la-Chapelle | A | 3.22 m. | 279 | Ch. Rhénan |
| — | D | 3.27 m. | » | |
| Düren | A | 4. 6 m. | 310 | |
| — | D | 4. 8 m. | » | |
| Cologne | A | 5 » m. | 349 | |

*PRIX DES SUPPLÉMENTS :*

| | | |
|---|---|---|
| Cologne-Ostende. . | 1re cl. | 10 francs. |
| Cologne-Bruxelles. | 1re cl. | 8 francs. |
| Petit parcours . . | 1re cl. | 5 francs. |

Agent à Cologne, 12, Domhof, **J. J. NIESSEN**

*Voir page 61, pour les places retenues à l'avance.*

# NOTES DE ROUTE

## MUNICH-STRASBOURG

| | | kil. |
|---|---|---|
| Munich | D 11 » s. | |
| Augsbourg | A 12,10 m. | |
| — | D 12,15 m. | |
| Ulm | A 2, 5 m. | |
| — | D 2,25 m. | |
| Stuttgart | A 4,45 m. | |
| — | D 5 » m. | |
| Carlsruhe | A 7,20 m. | |
| Strasbourg | A 10, 5 m. | |

## STRASBOURG-MUNICH

| | | |
|---|---|---|
| Strasbourg | D 9, 5 s. | |
| Carlsruhe | D 11,55 s. | |
| Stuttgart | D 2,45 m. | |
| Ulm | D 5,40 m. | |
| Augsbourg | D 7,40 m. | |
| Munich | A 8,50 m. | |

# NOTES DE ROUTE

SERVICE DES WAGONS-LITS

## LONDRES-DOUVRES

Londres, Victoria, départ 8.35 soir.

## DOUVRES-LONDRES

Douvres départ dès l'arrivée des bateaux.

SERVICE DES VOITURES-SALONS

## LONDRES-DOUVRES

Londres, Victoria, départ 10.10 matin.

## DOUVRES-LONDRES

Douvres depart dès l'arrivee des bateaux.

London, Chatam and Dover

Les bagages doivent être enregistrés pour *Victoria station.*

LA MERVEILLE DU JOUR
Skating Palais
ORCHESTRE DE 60 musiciens
SALLE de PATINAGE LA PLUS GRANDIOSE du MONDE

# OSTENDE-BALE

|  | |  | | kil. |  |
|---|---|---|---|---|---|
| Ostende (quai) | D | 3 » | s. | » | Chemin de l'État Belge |
| Bruges | A | 3.33 | s. | 22 | |
| — | D | 3.38 | s. | » | |
| Gand | A | 4.23 | s. | 67 | |
| — | D | 4.28 | s. | » | |
| Malines | A | 5.27 | s. | 123 | |
| — | D | 5.32 | s. | » | |
| Bruxelles (Nord) | A | 5.59 | s. | 144 | |
| — (quartier Leopold) | D | 6.40 | s. | 146 | |
| Namur | A | 7.50 | s. | 201 | |
| — | D | 7.58 | s. | » | |
| Arlon | A | 11.17 | s. | 337 | |
| — | D | 11.22 | s. | » | |
| Sterpenich | A | 11.39 | s. | 346 | |
| — | D | » » | | » | |
| Bettingen (douane luxembourg.) | A | 11.51 | s. | 347 | |
| — | D | » » | | » | |
| Luxembourg | A | 12.15 | m. | 365 | Chemin de l'Alsace-Lorraine |
| — | D | 12.32 | m. | » | |
| Thionville | A | 1.16 | m. | 398 | |
| — (douane allemande) | D | 1.21 | m. | » | |
| Metz — | A | 2. 3 | m. | 431 | |
| — | D | 2.13 | m. | » | |
| Sarreguemines | A | 3.52 | m. | 448 | |
| — | D | 3.57 | m. | » | |
| Sarrebourg | A | 5. 6 | m. | 502 | |
| — | D | 5.11 | m. | » | |
| Strasbourg | A | 6.40 | m. | 564 | |
| — | D | 7 » | m. | » | |
| Colmar | A | 8.11 | m. | 632 | |
| — | D | 8.16 | m. | » | |
| Mulhouse | A | 9 7 | m. | 674 | |
| — | D | 9.13 | m. | » | |
| Bâle | A | 11.24 | m. | 698 | |

# BALE-OSTENDE

|  | |  | | kil. | |
|---|---|---|---|---|---|
| Bâle | D | 2,32 | s. | » | Chemin de l'Alsace-Lorraine |
| Mulhouse | A | 3,14 | s. | 24 | |
| — | D | 3,19 | s. | » | |
| Colmar | A | 4,15 | s. | 66 | |
| — | D | 4,20 | s. | » | |
| Strasbourg | A | 5,48 | s. | 134 | |
| — | D | 6,13 | s. | » | |
| Sarrebourg | A | 7,45 | s. | 196 | |
| — | D | 7,50 | s. | » | |
| Sarreguemines | A | 9. 8 | s. | 250 | |
| — | D | 9,18 | s. | » | |
| Metz | A | 10,53 | s. | 267 | |
| — | D | 11. 3 | s. | » | |
| Thionville | A | 11,43 | s. | 300 | |
| — | D | 11,48 | s. | » | |
| Luxembourg | A | 12,32 | m. | 333 | |
| — | D | 12,35 | m. | » | |
| Bettingen (douane luxembourg.) | A | 1. 1 | m. | 351 | Chemin de l'État Belge |
| — | D | » » | m. | » | |
| Sterpenich (douane belge) | A | 1,13 | m. | 352 | |
| — | D | » » | | » | |
| Arlon | A | 1,27 | m. | 361 | |
| — | D | 1,32 | m. | » | |
| Namur | A | 4,57 | m. | 497 | |
| — | D | 5, 2 | m. | » | |
| Bruxelles (Nord) | A | 6,12 | m. | 552 | |
| — (quartier Leopold) | D | 7,20 | m. | 554 | |
| Alost | A | 7,56 | m. | 584 | |
| — | D | 7,59 | m. | » | |
| Gand | A | 8,29 | m. | 611 | |
| — | D | 8,38 | m. | » | |
| Bruges | A | 9,23 | m. | 656 | |
| — | D | 9,28 | m. | » | |
| Ostende (quai) | A | 10 » | m. | 679 | |

Prix des suppléments :

Ostende-Bâle, 1re cl. 12 francs.
Bruxelles-Bâle, 1re cl. 12 francs.
Ostende-Strasbourg, 1re cl. 10 francs.
Bruxelles-Strasbourg, 1re cl. 10 francs.
Ostende-Metz, 1re cl. 7 francs.
Bruxelles-Metz, 1re cl. 7 francs.
Bâle-Metz, 1re cl. 7 francs.
Bâle-Strasbourg, 1re cl. 5 francs.
Ostende-Arlon, 1re cl. 5 francs.
Bruxelles-Arlon, 1re cl. 5 francs.
Bruxelles-Luxembourg, 1re cl. 5 francs.

Des places peuvent être réservées en s'adressant par télégraphe aux chefs de gare des têtes de ligne. (*Ostende* et *Bâle.*)

# NOTES DE ROUTE

# PARIS-BORDEAUX

Chemin de fer de Paris à Orléans

| | | | kil. |
|---|---|---|---|
| Paris (Orléans) | D | 8. 15 s. | » |
| Étampes | D | 9.15 s. | 56 |
| Orléans (Les Aubrais) | A | 10.21 s. | 121 |
| — | D | 10.26 s. | » |
| Blois | D | 11.28 s. | 178 |
| Tours (St-Pierre-des-Corps) | A | 12.19 m. | 234 |
| — | D | 12.31 m. | » |
| Châtellerault | D | 1.44 m. | 299 |
| Poitiers | A | 2.16 m. | 332 |
| — | D | 2.21 m. | » |
| Ruffec | D | 3.34 m. | 398 |
| Angoulême | A | 4.21 m. | 445 |
| — | D | 4 30 m. | » |
| Coutras | D | 6. 6 m. | 527 |
| Libourne | D | 6.26 m. | 543 |
| Bordeaux (St-Jean) (1) | A | 7.10 m. | 585 |

(1) En correspondance avec le train pour Bayonne, Biarritz, Burgos, Madrid.

# BORDEAUX-PARIS

| | | | kil. |
|---|---|---|---|
| Bordeaux (St-Jean) | D | 6.30 s. | » |
| Libourne | D | 7.11 s. | 42 |
| Coutras | D | 7.33 s. | 58 |
| Angoulême | A | 9. 4 s. | 140 |
| — | D | 9.10 s. | » |
| Ruffec | D | 10. 5 s. | 187 |
| Poitiers | A | 11.11 s. | 253 |
| — | D | 11.20 s. | » |
| Châtellerault | D | 11.52 s. | 286 |
| Tours (St-Pierre-des-Corps) | A | 1. 7 m. | 351 |
| — | D | 1.15 m. | » |
| Blois | D | 2.15 m. | 407 |
| Orléans (Les Aubrais) | A | 3.12 m. | 464 |
| — | D | 3.19 m. | » |
| Étampes | D | 4.29 m. | 520 |
| Paris (Orléans) | A | 5.27 m. | 585 |

Chemin de fer de Paris à Orléans

Prix du supplément : 1re cl. 24 francs.

Agence à PARIS, 2 *bis*, place de l'Opéra,

**Agence Américaine**

Agence à BORDEAUX, 7, cour de l'Intendance,

**H. PIGAULT.**

*Voir page 61, pour les places retenues à l'avance.*

# NOTES DE ROUTE

# PARIS-COLOGNE

| | | | | kil. | |
|---|---|---|---|---|---|
| Paris-Nord | D | 8. » | s. | » | Chemin de fer du Nord français |
| Creil | A | 9. » | s. | 51 | |
| — | D | 9.5 | s. | » | |
| Tergnier | A | 10.55 | s. | 131 | |
| — | D | 11. » | s. | » | |
| Saint-Quentin | | 11.30 | s. | 154 | |
| Busigny | A | 11.56 | s. | 181 | |
| — | D | 12.1 | m. | » | |
| Maubeuge (douane franç.) | A | 12.52 | m. | 229 | |
| — | D | 12.58 | m. | » | |
| Erquelines (douane belge) | A | 1.24 | m. | 241 | État Belge |
| — | D | 1.44 | m. | » | |
| Charleroi | A | 2.19 | m. | 270 | |
| — | D | 2.24 | m. | » | |
| Namur | A | 3.14 | m. | 306 | Nd Belge |
| — | D | 3.19 | m. | » | |
| Liége (Guillemains) | A | 4.34 | m. | 366 | |
| — | D | 4.39 | m. | » | État Belge |
| Verviers | A | 5.20 | m. | 391 | |
| — | D | 5.39 | m. | » | |
| Herbesthal (douane belge) | A H B | 5.58 | m. | 405 | |
| — | D H A | 6.11 | m. | » | |
| Aix-la-Chapelle (douane allemande) | A | 6.42 | m. | 422 | Rhénan-Prussien |
| — | D | 6.47 | m. | » | |
| Düren | | 7.21 | m. | 454 | |
| Cologne | A | 8.5 | m. | 492 | |

# COLOGNE-PARIS

|  | |  | | kil. |  |
|---|---|---|---|---|---|
| Cologne | D | 10.30 | s. | » | Rhénan-Prus. |
| Düren | | 11.20 | s. | 38 | |
| Aix-la-Chapelle | A | 12.2 | m. | 69 | |
| — | D | 12.7 | m. | » | |
| Herbesthal | A | 12.39 | m. | 85 | État belge |
| (douane belge) hre all. | | | | | |
| Herbesthal (hre belge) | D | 12.38 | m. | » | |
| Verviers | A | 1.1 | m. | 99 | |
| — | D | 1.25 | m. | » | |
| Liége (Guillemains) | A | 2.7 | m. | 124 | |
| — | D | 2.15 | m. | » | |
| Namur. | A | 3.30 | m. | 186 | Nd Belge |
| — | D | 3.35 | m. | » | |
| Charleroi | A | 4.25 | m. | 222 | État belge |
| — | D | 4.30 | m. | » | |
| Erquelines (douane belge) | A | 5.14 | m. | 251 | |
| — | D | 5.15 | m. | » | |
| Maubeuge (douane franç.) | A | 5.51 | m. | 273 | Chemin de fer du Nord français |
| — | D | 5.56 | m. | » | |
| Busigny | A | 6.45 | m. | 311 | |
| — | D | 6.48 | m. | » | |
| Saint-Quentin | | 7.18 | m. | 338 | |
| Tergnier | A | 7.41 | m. | 361 | |
| — | D | 7.56 | m. | » | |
| Creil | A | 9.21 | m. | 441 | |
| — | D | 9.25 | m. | » | |
| Paris (Nord) | A | 10.15 | m. | 492 | |

Prix du supplement ; 1re cl. 10 francs.

Agent à Paris, 2 *bis*, place de l'Opéra,
**Agence Américaine.**

Agent à Cologne, 12, Domhof, **J. J. NIESSEN**

*Voir page 61 pour les places retenues à l'avance.*

# NOTES DE ROUTE

# PARIS-VIENNE

| | | | kil. | |
|---|---|---|---|---|
| Paris, Est | D | 8,35 s. | » | Chemin de fer Est français |
| Epernay | A | 11,18 s. | 142 | |
| — | D | 11,23 s. | » | |
| Châlons-sur-Marne | A | 11,59 s. | 173 | |
| — | D | 12, 4 s. | » | |
| Nancy | A | 3,51 m | 333 | |
| — | D | 3,59 m. | » | |
| Avricourt douane allemande | A | 5,28 m. | 410 | |
| — | D | 6,17 m. | » | Ch. Alsace-Lorraine |
| Strasbourg | A | 8,17 m. | 501 | |
| — | D | 8,36 m. | » | |
| Kehl | A | 8,55 m. | 513 | |
| — | D | 9 » m. | » | Etat Badois |
| Appenweier | A | 9,15 m. | 527 | |

| | | | | kil. | |
|---|---|---|---|---|---|
| Appenweier | D | 9.22 | m | » | Chemin de fer de l'Etat Badois |
| Oos [1] | A | 9.58 | m. | 538 | |
| — | D | 10.2 | m. | » | |
| Carlsruhe | A | 10.42 | m. | 601 | |
| — | D | 10.52 | m. | » | |
| Pforzheim | A | 11.39 | m. | 631 | |
| — | D | 11.40 | m. | » | |
| Muhlacker | A | 11.58 | m. | 644 | |
| — | D | 12.7 | s. | » | Etat de Wurtemberg |
| Bietigheim | A | 12.34 | s. | 663 | |
| — | D | 12.38 | s. | » | |
| Stuttgart | A | 1.10 | s. | 691 | |
| — | D | 1.37 | s. | » | |
| Ulm | A | 3.57 | s. | 785 | |
| — | D | 4.20 | s. | » | Etat Bavar. |
| Augsbourg | A | 6.5 | s. | 870 | |

(1) Correspondance pour Baden-Baden.

| | | | kil. | |
|---|---|---|---|---|
| — | D 6.15 s. | | » | Etat Bavarois |
| Munich | A 7.25 s. | | 932 | |
| — | D 8.5 s. | | » | |
| Simbach (douane autrichienne) | A 10.30 s. | | 1 055 | |
| — | D 11.20 s. | | » | Imp. Elisabeth |
| Neumarkt | A 12.52 m. | | 1.116 | |
| — | D 1.3 m. | | » | |
| Linz | A 2.25 m. | | 1.188 | |
| — | D 2.31 m. | | » | |
| Vienne Kaiserin Elisabeth bahnhof | A 6.50 m. | | 1 378 | |

Prix des suppléments :

Paris-Vienne . . . 1re cl. 25 francs.

Vienne-Strasbourg. 1re cl. 15 francs.

Vienne-Munich . . 1re cl. 10 francs.

Paris-Strasbourg. . 1re cl. 10 francs.

Paris-Munich . . . 1re cl. 15 francs.

# VIENNE-PARIS

| | | | kil. | |
|---|---|---|---|---|
| Vienne Kaiserin Elisabeth bahnhof | D | 6.30 s. | » | Imp. Élisabeth |
| Linz | A | 11.18 s. | 190 | |
| — | D | 11.23 s. | » | |
| Neumarkt | A | 12.48 m. | 262 | |
| — | D | 12.57 m. | » | |
| Simbach (douane bavaroise) | A | 2.26 m. | 323 | Chemin de l'État Bavarois |
| — | D | 2.50 m. | » | |
| Munich | A | 5.30 m. | 446 | |
| — | D | 6.12 m. | » | |
| Augsbourg | A | 7.22 m. | 508 | |
| — | D | 7.35 m. | » | |
| Ulm | A | 9.20 m. | 593 | |
| — | D | 9.25 m. | » | |

| | | | kil | |
|---|---|---|---|---|
| Stuttgart | A | 11.40 m. | 687 | Wurtemberg |
| — | D | 12 » m. | » | |
| Bietigheim | A | 12.34 s. | 715 | |
| — | D | 12.38 s. | » | |
| Muhlacker | A | 1.7 s. | 734 | |
| — | D | 1.10 s. | » | |
| Pforzheim | A | 1.28 s. | 747 | Chemin de fer de l'État Bavarois |
| — | D | 1.29 s. | » | |
| Carlsruhe | A | 2.15 s. | 777 | |
| — | D | 2.25 s. | » | |
| Oos [1] | A | 3.9 s. | 820 | |
| — | D | 3.14 s. | » | |
| Appenweier | A | 3.53 s. | 851 | |
| — | D | 4.5 s. | » | |
| Kehl | A | 4.24 s. | 865 | |
| — | D | 4.27 s. | » | |

(1) En correspondance pour Baden-Baden.

| | | | kil. | |
|---|---|---|---|---|
| Strasbourg | A | 4,55 s. | » | Alsace-Lorraine |
| — | D | 5,37 s. | 877 | |
| Sarrebourg | A | 7,8 s. | 947 | |
| | D | 7,15 s. | » | |
| Avricourt (douane française) | A | 7,38 s. | 968 | |
| — | D | 7,19 s. | » | Chemin de fer de l'Est français |
| Nancy | A | 9,10 s. | 1.025 | |
| — | D | 9,18 s. | » | |
| Châlons-sur-Marne | A | 1,28 m. | 1.205 | |
| — | D | 1,34 m. | » | |
| Epernay | A | 2,13 m | 1.236 | |
| — | D | 2,23 m. | » | |
| Paris-Est | A | 5,30 m. | 1.378 | |

*Voir page 61 pour les places prises à l'avance.*

# NOTES DE ROUTE

# PARIS-FRANCFORT-SUR-MEIN

| | | | kil. |
|---|---|---|---|
| Paris (Est) | D | 7,50 s. | |
| Frouard | A | 3, 9 m. | |
| — | D | 3,21 m. | |
| Pagny sur-Moselle | A | 4, 7 m. | |
| — | D | 4,41 m. | |
| Metz | A | 5,31 m. | |
| — | D | 5,46 m. | |
| Saarbruck | A | 7,17 m. | |
| — | D | 7,21 m. | |
| Creuznach | A | 10,18 m. | |
| Ringerbruk | A | 10,35 m. | |
| Mayence | A | 11,30 m. | |
| Francfort-sur Mein | A | 12,20 s. | |

# FRANCFORT-SUR-MEIN-PARIS

| | | | kil. |
|---|---|---|---|
| Francfort-sur-Mein | D | 5,35 m. | |
| Mayence | D | 6,35 m. | |
| Ringerbruck | D | 7,33 m. | |
| Creuznach | D | 7,52 m. | |
| Saarbruck | A | 10,41 m. | |
| — | D | 10,48 m. | |
| Metz | A | 12,21 s. | |
| — | D | 12,36 s. | |
| Pagny-sur-Moselle (heure allemande) | A | 1,12 s. | |
| — (heure française) | D | 1,10 s. | |
| Frouard | A | 1,52 s. | |
| — | D | 2, 3 s. | |
| Paris (Est) | A | 9,10 s. | |

*AGENCES :*

PARIS, 2 *bis*, place de l'Opéra,
**American Agency.**

FRANCFORT-SUR MEIN,
**S. EBELSBACHER** (Gallusstrasse).

## ADRESSES

# NOTES DE ROUTE

# SERVICE D'ÉTÉ

## VIENNE-EGER

| | | | kil. |
|---|---|---|---|
| Vienne, Franz Josefsbahnhof | D | 9.15 s. | » |
| Gmund | A | 1.15 m. | 164 |
| — | D | 1.21 m. | » |
| Budweis | A | 2.24 m. | 214 |
| — | D | 2.28 m. | » |
| Pilsen | A | 5.26 m. | 349 |
| — | D | 5.32 m. | » |
| Eger | A | 8.14 m. | 455 |
| — | D | 8.45 m. | » |
| Franzensbad (Douane saxonne) | A | 9.» m | 470 |

Chemin de fer de François-Joseph

État Saxon

# EGER-VIENNE

| | | | kil. | |
|---|---|---|---|---|
| Franzensbad | D | 7.15 s. | » | Ét. Sax n |
| Eger (Douane Autrichienne) | | | 10 | Chemin de François-Joseph |
| — | D | 8.38 s. | » | |
| Pilsen | A | 11.15 s. | 121 | |
| — | D | 11.20 s. | » | |
| Budweis | A | 2.20 m. | 256 | |
| — | D | 2.25 m. | » | |
| Gmünd | A | 3.28 m. | 306 | |
| — | D | 3.33 m. | » | |
| Vienne Franz-Josefsbahnhof | A | 7.38 m. | 470 | |

Les Wagons-Lits circulent sur cette ligne à partir de l'ouverture du service d'été.

Prix du supplément : 1re cl 10 francs.

Agent à Vienne : 1, Kärnthnerring :

**LIPSTADT & Co.**

*Voir page 61 pour les places retenues à l'avance.*

# PRAGUE-VIENNE

(SERVICE INTERROMPU L'ÉTÉ)

| | | | kil. | |
|---|---|---|---|---|
| Prague | D | 8.20 s. | » | Empereur-François-Joseph |
| Wessely | A | 12.32 m. | 129 | |
| — | D | 12.42 m. | » | |
| Gemund | A | 2.15 m. | 184 | |
| — | D | 2.47 m | » | |
| Vienne (Josephsbahnhof) | A | 8.29 m. | 348 | |

# VIENNE-PRAGUE

| | | | kil. | |
|---|---|---|---|---|
| Vienne (Franz-Josefsbahnhof) | D | 7.45 s. | » | Empereur-François-Joseph |
| Gemund | A | 1.26 m. | 164 | |
| — | D | 1.54 m. | » | |
| Wessely | A | 3.21 m. | 219 | |
| — | D | 3 31 m. | » | |
| Prague | A | 7.30 m. | 348 | |

Prix du supplément : **1re cl 10 francs.**

Agent à VIENNE, 1, Karnthnerring :

**LIPSTADT & Co.**

*Voir page 61 pour les places retenues à l'avance.*

# AGENCES DE LA COMPAGNIE (*)

BERLIN, 34, Unter den Linden : **Richard THOMAS.**

BORDEAUX, 7, Cour de l'Intendance : **H. PIGAULT.**

BUCAREST, 19, Strada Târgoviști : **L. MAY**

COLOGNE, 12, Domhof : **J -J NIESSEN.**

FRANCFORT-S/-M., Gallusstrasse : **S EBELSBACHER.**

PARIS, 2 bis. Place de l'Opera : **AGENCE AMÉRICAINE.**

VIENNE, 1. Kærnthnerring : **LIPSTADT & Cº.**

(*) On pourra se procurer des places à l'avance en s'adressant, par écrit ou par telegraphe, aux Agences ci-dessus indiquees et en faisant accompagner la demande du montant de la place demandée.

# BUREAUX

## DES DIVISIONS DE LA COMPAGNIE (*)

BERLIN : Kœniggrœtzerstrasse, n° 25.

BUCAREST : Strada Târgovisti, n° 19.

COLOGNE : Domhof, n° 12.

PARIS : Rue de Dunkerque, n° 24.

VIENNE : Getreidemarkt, n° 15.

(*) On pourra adresser à ces Bureaux les réclamations de toute espèce et obtenir tous les renseignements désirables sur le service des Wagons-Lits.

ADMINISTRATION
D'AFFICHAGE
L. RENIER
PARIS
3 R. D'ABOUKIR 3
AFFICHAGE
DANS PARIS
& dans
TOUTES
LES COMMUNES
De FRANCE
CLÉ DES OMNIBUS
GUIDE CONTY.

## TARIF GÉNÉRAL DES SUPPLÉMENTS

| DESTINATIONS | | Aix-la-Chapelle | Arlon | Breslau | Bruxelles | Chatham-Douvres | Dirschau | Eydtkuhnen | Francfort-s M | Hambourg | Kœnigsberg |
|---|---|---|---|---|---|---|---|---|---|---|---|
| | | fr. | fr. | fr. | fr. | fr. | fr. | fr. | fr. | fr. | fr. |
| Bâle . . . | 1re cl | » | » | » | 12 | » | » | » | » | « | » |
| Berlin . . . | 1re cl. | 10 | » | 10 | » | » | 10 | 15 | 10 | 10 | 12 50 |
| | 2e cl | 8 | » | 8 | » | » | 8 | 12 50 | 8 | 8 | 10 |
| Bruxelles . . | 1re cl. | » | 5 | » | » | » | » | » | » | » | » |
| Bucarest . . | 1re cl | » | » | » | » | » | » | » | » | » | » |
| Cologne . . . | 1re cl. | » | » | » | 8 | » | » | » | » | » | » |
| Eger . . . . | 1re cl. | » | » | » | » | » | » | » | » | » | » |
| Londres . . . | 1re cl | » | » | » | » | » | » | » | » | » | » |
| Munich . . . | 1re cl | » | » | » | » | » | » | » | » | » | » |
| Ostende . . . | 1re cl. | » | 5 | » | » | » | » | » | » | » | » |
| Paris . . . | 1re cl. | » | » | » | » | » | » | » | » | » | » |
| Vienne . . . | 1re cl. | » | » | » | » | » | » | » | » | « | » |
| Bordeaux . . | 1re cl. | » | » | » | » | » | » | » | » | » | » |

## TARIF GÉNÉRAL DES SUPPLÉMENTS

| DESTINATIONS | | Kreuz | Luxembourg | Metz | Ostende | Paris | Prague | Strasbourg | Roman | Verciérova | Vienne |
|---|---|---|---|---|---|---|---|---|---|---|---|
| | | fr. | fr. | fr. | fr. | fr. | fr. | fr | fr. | fr. | fr. |
| Bâle . . . . | 1re cl | » | » | 7 | 12 | » | » | 5 | » | » | » |
| Berlin . . . | 1re cl | 8 | » | » | » | » | » | » | » | » | » |
| | 2e cl | 6.25 | » | » | » | » | » | » | » | » | » |
| Bruxelles . . | 1re cl | » | 5 | 7 | » | » | » | 10 | » | » | » |
| Bucarest . . | 1re cl | » | » | » | » | » | » | » | 12 | » | » |
| Cologne . . . | 1re cl | » | » | » | 10 | 10 | » | » | » | » | » |
| Eger . . . . | 1re cl | » | » | » | » | » | » | » | » | » | » |
| Londres . . . | 1re cl | » | » | » | » | » | » | » | » | » | » |
| Munich . . . | 1re cl | » | » | » | » | » | » | » | » | » | 10 |
| Ostende . . . | 1re cl | » | » | 7 | » | » | » | 10 | » | » | » |
| Paris . . . . | 1re cl | » | » | » | » | » | » | 10 | » | » | 25 |
| Vienne. . . . | 1re cl | » | » | » | » | 25 | 10 | 15 | » | » | » |
| Bordeaux. . . | 1re cl | » | » | » | » | 24 | » | » | » | » | » |

# TARIF

DU

## PRIX DES OBJETS DÉGRADÉS, BRISÉS, PERDUS

| OBJETS | PRIX fr. | PRIX c. |
|---|---|---|
| Matelas | 75 | » |
| Edredon | 25 | » |
| Oreiller | 18 | 75 |
| Couverture de laine | 50 | » |
| Draps de lit | 10 | » |
| Taie d'oreiller | 3 | » |
| Essuie-mains | 1 | 50 |
| Drap de service | 1 | » |
| Coussin de sopha | 37 | 50 |
| Tapis de coupé | 50 | » |
| Petit tapis de corridor | 50 | » |
| Grand tapis de corridor | 100 | » |
| Tapis du water-closet | 20 | » |
| Natte en coco | 10 | » |
| Rideau de lit | 30 | » |
| Store de lampe | 15 | » |
| Store de fenêtre | 15 | » |
| Table avec plaque et initiales | 31 | 25 |
| Escabeau | 25 | » |
| Balais | 3 | » |
| Seau | 7 | 50 |
| Tringle de ventilateur | 7 | 50 |
| Carafe | 5 | » |
| Verre à bière | 2 | 25 |
| Verre à vin | 2 | » |
| Verre à liqueur | 1 | 90 |
| Tire-bottes | 5 | » |
| Crachoir | 15 | » |

| OBJETS | PRIX | |
|---|---|---|
| | fr. | c. |
| Mouchettes . . . . . . . . . . . . . | 3 | 75 |
| Tourne-vis. . . . . . . . . | 2 | » |
| Robinet de toilette. . . . . . . | 5 | » |
| Bougeoir . . . . . . . . . . . | 15 | » |
| Livre du linge. . . . . . . . . . . | 7 | 50 |
| Tisonnier . . . . . . . . . . | 3 | 75 |
| Chaise du conducteur. . . . . | 45 | » |
| Glace. . . . . . . . . . . | 45 | » |
| Glace de la portière . . . . . . | 75 | » |
| Glace de la fenêtre. . . . . . . | 12 | 50 |
| Bassin de toilette. . . . . . . . . | 32 | 50 |
| Toilette. . . . . . . . . . . . | 80 | » |
| Urinoir . . . . . . . . . . . . | 32 | 50 |
| Grande lampe de coupé. . . . . | 200 | » |
| Globe de lampe . . . . . . . . . . | 20 | » |
| Petite lampe. . . . . . . . . . | 60 | » |
| Vitre de lampe. . . . . . . . . . . | 7 | 50 |
| Grand panneau en noyer . . . . | 87 | » |
| Petit panneau en noyer. . . . | 43 | 75 |
| Tenture du coupe . . . . . . . . . | 20 | » |
| Siege du corridor. . . . . . . . . | 18 | 75 |
| Dossier de la banquette. . . . . . | 37 | 50 |
| Housse de sopha. . . . . . . . . | 75 | » |
| Housse de chaise. . . . . . . . . | 37 | 50 |
| Dégradations au reps peint du plafond (par mètre). . . . . . . . . | 175 | » |
| Degradation à l'étoffe des siéges (par mètre) . . . . . . . . . . . | 37 | 50 |
| Thermomètre . . . . . . . . . | 10 | » |
| Boîte à brosse. . . . . . . . | 5 | » |
| Appareil télégraphique . . . . . . | 25 | » |
| Verre de lampe . . . . . . . . . . | » | 50 |
| Porte-manteau. . . . . . . . . . | 5 | » |
| Carreau du ventilateur. . . . . . | 7 | 50 |

# AVIS AUX VOYAGEURS

## EXTRAIT DU RÈGLEMENT & INSTRUCTIONS DIVERSES

1 Les voyageurs sont instamment priés, dans le cas où ils auraient à se plaindre du personnel ou des voitures de la Compagnie, d'adresser leurs réclamations soit verbalement aux Contrôleurs présents, tant au départ qu'à l'arrivée des trains, ou aux Inspecteurs de la localité où ils se trouvent, soit par écrit au Directeur général, 22, rue Marie-de-Bourgogne, à Bruxelles. Il leur est spécialement recommandé d'éviter autant que possible toute discussion avec les conducteurs.

D'utiles renseignements, tels que désignation des lignes desservies par les wagons-lits en Europe, heures de départ, prix des suppléments, adresses des Agences ou des bureaux des Inspecteurs, etc. sont donnés *in extenso* dans un guide publié par les soins de la Compagnie et que les conducteurs sont tenus de remettre gratuitement à tous les voyageurs.

2. Les conducteurs sont responsables du bon aménagement des wagons-lits, de la mise à disposition des lits non commandés à l'avance, ainsi que du maintien du bon ordre ; ils veillent à ce que le repos des voyageurs ne soit pas troublé.

3. Il est interdit aux conducteurs de demander une rémunération quelconque pour l'usage des objets de toilette, savon, essuie-mains, brosses, etc., ou d'exiger, sous un prétexte quelconque, le paiement d'un supplément de prix plus eleve que celui qui est indiqué sur les billets.

4. Les conducteurs sont tenus de remettre aux voyageurs un billet numéroté pour chacune des places occupées ou réservecs, et d'effacer sur la carte diagramme affichée dans le couloir le numéro correspondant. Les voyageurs doivent, chaque fois qu'ils en sont requis, montrer leur billet de supplément aux agents de la Compagnie chargés du service du contrôle. Dans le cas ou un voyageur serait trouvé sans billet, il sera tenu de payer le supplément pour tout le le parcours de la voiture.

5. Les conducteurs préparent les lits quand demande leur en est faite et successivement dans l'ordre de ces demandes.

Passé onze heures du soir, un des occupants d'une section ne pourra se refuser a laisser faire son lit, si le second occupant de la même section desire se coucher.

6. Défense expresse est faite aux conducteurs de dormir ou de fumer pendant leur service ; ils doivent, au contraire, se tenir constamment à la disposition des voyageurs.

7. Les voyageurs sont tenus de se déchausser avant de se coucher.

8. Il est formellement interdit de fumer dans les compartiments entre 11 h. du soir et 7 h. du matin En dehors de ces heures, il n'est permis de fumer dans un compartiment que pour autant qu'aucun des occupants n'y fasse objection.

9. Les conversations à haute voix, comme en général tout bruit qui pourrait empêcher les voyageurs de dormir, sont interdits la nuit.

CHIENS DE LUXE. — Les petits chiens de salon sont tolérés dans les wagons-lits à la condition :

1. Qu'ils seront enfermés dans un panier ;

2. Que le poids du chien, y compris le panier, ne sera pas supérieur à 3 kilog ;

3. Que leur propriétaire aura acquitté le prix du tarif fixé par l'administration du chemin du fer.

Toutefois ces chiens ne pourront être introduits dans un compartiment que pour autant que tous les occupants de ce compartiment y consentent.

10 Tout ou partie d'un compartiment ne peut être réservé par un ou plusieurs voyageurs que pour autant que l'occupant ou les occu-

pants soient munis d'autant de billets de chemin de fer et de billets de supplément qu'ils veulent avoir de places à leur disposition Autant que faire se pourra, et en tous cas chaque fois que la demande en aura été faite à l'avance, il sera reservé un compartiment *spécial pour les dames.*

**11.** Tout objet brisé ou endommagé par un voyageur devra être payé par lui au conducteur, au taux du tarif fixé par la Direction des Wagons-Lits. Le conducteur est porteur de ce tarif.

**12.** Les personnes qui occupent les voitures de la Compagnie sont, comme tous les autres voyageurs, soumises aux ordonnances et règlements de police des administrations de chemins de fer.

**13.** Les conducteurs sont tenus d'avoir à la disposition des voyageurs de leur voiture des rafraîchissements de toute première qualité, savoir :

| | |
|---|---|
| Bière, Eau de Seltz, Soda, etc., la 1/2 bouteille . . . Fr. | 1 » |
| Cognac, Sherry, Porto, le verre . . . . . . . . . . . | 1 » |
| Bordeaux (1^re^ qualité) la 1/2 bouteille. . . . . . . . . | 2 50 |

Bruxelles, le 1^er^ janvier 1876.

*Mann's Railway Sleeping Carriage C^o^*
*(Limited.)*
L'Administrateur-Directeur,
GEORGES NAGELMACKERS.

LE GRAND HOTEL.* BOULEVARD DES CAPUCINES

Le Grand Hôtel n'est pas plus cher que les autres bonnes maisons de Paris.

# NOTES DE ROUTE

# MAISONS RECOMMANDÉES

**GRAND HOTEL DE NORMANDIE.** *106 et 108, rue de Paris Le Havre.* Cet hôtel se recommande par son confortable, sa bonne tenue et ses prix consciencieux. Chambres et appartements de 2 à 8 fr. Dejeuner. 2 fr. Dîner, 3 fr. On parle l'anglais et l'allemand.

**GRAND HOTEL DE SAXE**, *77 et 79, rue Neuve, Bruxelles,* près des boulevards et des théâtres. Cet hôtel considérablement agrandi est l'un des plus confortables de la Belgique. Bonne cuisine, prix modérés.

**SPLENDIDE HOTEL**, *1, place de l'Opéra, Paris.* Position unique, en face le théâtre du grand Opéra, confortable digne de son nom, clientèle d'élite. Ascenseur à tous les étages

**HOTEL FONTAINE**, près de la mer et du Kursaal, *Ostende.* Confortable princier, clientèle d'élite. Prix des hôtels de première classe. Remarquable galerie de tableaux dans la salle à manger.

**HOTEL DU GRAND LABOUREUR**, *place de Meir, Anvers.* Maison de premier ordre. Chambres depuis 2 francs, service 1 franc, bougies 0 fr. 50 c. Table d'hôte à 5 heures, 4 fr.

MODES DE SAISON
MAISON
DE LA
BELLE
JARDINIÈRE
COSTUMES pour HOMMES & ENFANTS
ENTRÉE AU COIN DU QUAI

# NOTES DE ROUTE

SE TROUVE PARTOUT
ÉVITER LES CONTREFAÇONS
CHOCOLAT MENIER
EXIGER LE VÉRITABLE NOM
SE VEND PARTOUT

# NOTES DE ROUTE

## INSTRUIRE EN AMUSANT

# NOTES DE ROUTE

MÉDAILLES
A TOUTES LES EXPOSITIONS

GLACES
ALEXANDRE
JEUNE

93 FAUBG ST ANTOINE 93

GLACES LOUIS XIII LOUIS XIV LOUIS XV LOUIS XVI

CHOIX IMMENSE

MAISON DE PREMIER ORDRE

EXPORTATION

# OBSERVATIONS

# OBSERVATIONS

MABILLE. — UNE SOIRÉE DE SKATING-RINK.

# OBSERVATIONS

# OBSERVATIONS

# OBSERVATIONS

Rue Vivienne, 45

GARANTI AUTHENTIQUE

# MOKA

ZANZIBAR

SANS MELANGES

Rue Vivienne, 45

TARIF DES ANNONCES

DANS LE GUIDE PRATIQUE

DES

# WAGONS-LITS



**Annonce d'une page dans 25,000 exemplaires.. . . . . . . . . . . fr. 300**

**Annonce d'hôtel, 5 lignes comme celles de la page 74 . . . . . fr. 60**

POUR LES DEMANDES D'INSERTIONS

S'adresser :

1° **A l'Administration,** *22, rue Marie-de-Bourgogne, à Bruxelles,* à M. G. NAGELMACKERS, Directeur de la Compagnie.

2° **A l'Office des Guides Conty,** *11, boulevard Montmartre, à Paris,* A M. DE CONTY, auteur et seul propriétaire des GUIDES CONTY.

PARIS IMP A CHAIX ET Cie RUE BERGÈRE 20 — 1196-6.

Vue générale des nouveaux Wagons-Lits

www.ingramcontent.com/pod-product-compliance
Ingram Content Group UK Ltd.
Pitfield, Milton Keynes, MK11 3LW, UK
UKHW020358230726
13925UKWH00003B/1172

9 782013 625074